故宫博物院宣传教育部 / 编

给孩子的故宫系列

哇！故宫的二十四节气·春

惊蛰

中信出版集团·北京

哇！故宫的二十四节气·春·惊蛰

编　　者：故宫博物院宣传教育部
策 划 人：闫宏斌　果美侠　孙超群
特约编辑：姜倩倩
策划出品：御鉴文化（北京）有限公司
出版发行：中信出版集团股份有限公司
　　　　　（北京市朝阳区惠新东街甲 4 号富盛大厦 2 座　邮编 100029）
承 印 者：北京利丰雅高长城印刷有限公司

策 划 方：故宫博物院宣传教育部
出 品 方：御鉴文化（北京）有限公司

出　　品：中信儿童书店
策　　划：中信出版·知学园
策划编辑：鲍　芳　杜　雪　宋雪薇
装帧设计：魏　磊　谢佳静　周艳艳
绘画编辑：徐　帆　祝可新
营销编辑：张　超　隋志萍　杜　芸

春雨惊春清谷天，
夏满芒夏暑相连，
秋处露秋寒霜降，
冬雪雪冬小大寒。

惊蛰三候

初候　桃始华

二候　仓庚鸣

三候　鹰化为鸠

　　本书关于二十四节气、七十二物候的内容，主要参考了《逸周书·时训解》。它依立春至大寒二十四节气顺序阐释每个节气的天气变化和应出现的物候现象。

故事人物介绍

人物： 骑凤仙人

特点： 老顽童，爱吃又爱玩。

形象来源： 故宫屋脊仙人——骑凤仙人，可骑凤飞行、逢凶化吉。

人物： 龙爷爷

特点： 智慧老人，爱打瞌睡。

形象来源： 故宫屋脊小兽——龙，传说中的神奇动物，能呼风唤雨，寓意吉祥。

人物： 凤娇娇

特点： 高贵冷艳的大姐姐，有个性。

形象来源： 故宫屋脊小兽——凤，即凤凰，传说中的百鸟之王，祥瑞的象征。

人物： 狮威威

特点： 勇猛威严，爱逞强。

形象来源： 故宫屋脊小兽——狮子，传说中的兽王，威武的象征。

人物： 海马游游

特点： 天真外向的机灵鬼，话多。

形象来源： 故宫屋脊小兽——海马，身有火焰，可于海中遨游，象征皇家威德可达海底。

人物： 天马飞飞

特点： 精明聪敏，有些张扬。

形象来源： 故宫屋脊小兽——天马，有翅膀，可在天上飞行，象征皇家威德可通天庭。

人物：押鱼鱼

特点： 乖巧爱美，胆小内向。

形象来源： 故宫屋脊小兽——押鱼，传说中的海中异兽，
身披鱼鳞，有鱼尾，可呼风唤雨、灭火防灾。

人物：狻大猊

特点： 安静腼腆，呆头呆脑。

形象来源： 故宫屋脊小兽——狻（suān）猊（ní），传说中
能食虎豹的猛兽，形象类狮，也象征威武。

人物：獬小豸

特点： 公正热心，为人直率。

形象来源： 故宫屋脊小兽——獬（xiè）豸（zhì），传说中的
独角猛兽，是皇帝正大光明、清平公正的象征。

人物：斗牛牛

特点： 耿直果断，脾气大。

形象来源： 故宫屋脊小兽——斗（dǒu）牛，传说中的一种
龙，牛头兽态，身披龙鳞，是消灾免祸的吉祥物。

人物：猴小什

特点： 多才多艺，脸皮厚。

形象来源： 故宫屋脊小兽——行（háng）什（shí）。传说中长有猴面、
生有双翅、手执金刚杵的神，可防雷火、消灾免祸。

人物：格格和小阿哥

特点： 格格知书达理，求知欲强，争强好胜。
小阿哥生性好动，古灵精怪，想法如天马行空。

凤娇娇带着小阿哥和格格来到慈宁宫花园散步。

格格说："看！这满园春色，可真美啊！"

凤娇娇解释道："现在是惊蛰时节，正是花朵绽放、树木发芽的时候。"

突然，天空中响起一声春雷，小阿哥害怕得躲了起来。

"呱呱呱！呱呱呱！"远处传来清脆的叫声。

原来是青蛙在说："别害怕！别害怕！"

可小阿哥还是很害怕。

"啾！啾啾——啾啾啾——"不远处的树枝上，传来欢快的歌声。

原来是黄鹂。它们也来安慰小阿哥："别害怕！别害怕！"

可小阿哥还是有点害怕。

乌龟

青蛙

"惊蛰春雷嗨翻天，万物苏醒不再懒！

雷声隆隆不要乱，宫中避雷全靠俺。

起床啦！"猴小什唱道。

小阿哥听了这歌，边拍手边笑着说："真好玩！"

猴小什骄傲地说："打雷是为了叫醒冬眠中的动物，不是来吓唬你的！"

小阿哥安心地点点头。

他们来到御花园。

小阿哥看到趴在香炉脚上的狻大
猊纹丝不动，便好奇地跑过去："你
没听到雷声吗？你不害怕吗？"

狻大猊睁开眼睛说："我
是龙的儿子，怎么会害怕呢？"

小阿哥说："哇！你真厉害！"

狻大猊说："当然！我的兄弟都本领高强，就让我来介绍你们认识一下吧！"

小阿哥说："太好了！又能交到新朋友了！"

囚牛

喜音乐，常蹲于琴头。

睚（yá）眦（zì）

好斗，常刻镂于刀环、剑柄吞口上。

这就是我的兄弟们！

狻猊

喜烟好坐，一般出现在香炉上。

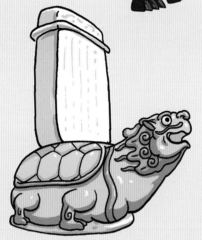

霸（bà）下

又名赑（bì）屃（xì），喜欢负重，常在碑下。

椒（jiāo）图

性情温顺，好僻静，忠于职守，所以被安排在门上衔着门环。

嘲风

喜欢冒险，常出现于殿台角上。

蒲牢

性好鸣，受击更会大声吼叫，于是被用于悬挂钟的钟纽上。

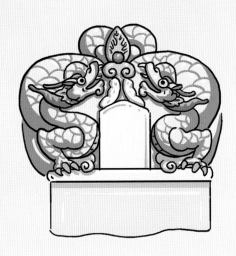

负屃（xì）

性好文，身似龙，盘绕在石碑顶上部。

螭（chī）吻

好远望，喜吞火，于是成了殿脊两端的吞脊兽。

认识完新朋友，猴小什呼唤大家："天气太干燥，吃个仙梨要不要！"

格格和小阿哥异口同声地喊道："要！要！"

龙爷爷点点头："叫上其他小朋友，一起吃梨防上火！"

慈宁宫

慈宁宫是明朝嘉（jiā）靖（jìng）皇帝为他的母亲蒋太后所建。明朝慈宁宫为前代皇
贵妃的居所。清朝孝庄文皇后也曾在这里居住，自此成为太皇太后和皇太后的住所，太妃、
太嫔等人随居。

咸若馆

　　咸若馆位于慈宁宫花园北部中央，东西两侧为宝相楼和吉云楼。咸若馆始建于明朝，清朝时成为供奉佛像和储藏经文的地方。

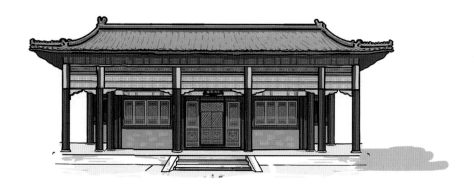

香炉

　　御花园天一门前有一座青铜制成的鼎式香炉。鼎给人一种坚固、稳定的感觉。故宫里大多数香炉都是鼎式的，可见皇帝对江山永固的期望。古代香炉一般用金属或陶瓷制成，并饰有精美的图案。使用时在里面烧炭，也会撒上香料或散香。

惊蛰在每年的 3 月 5 日、6 日或 7 日。"惊"即"惊醒","蛰"即"藏"。"惊蛰"指的就是春雷把藏起来冬眠的动物惊醒了。春雷是惊蛰时节最有代表性的自然现象。古人在惊蛰这一天以各种形式祭拜雷公，祈求雷公保佑一年风调雨顺。人们还根据惊蛰这天的天气，预测以后的天气，有"冷惊蛰，暖春分"和"惊蛰刮北风，从头另过冬"的说法。

骑凤仙人讲节气

二十四节气古诗词——惊蛰

观田家（节选）

◎ 唐 韦应物

微雨众卉新，
一雷惊蛰始。
田家几日闲，
耕种从此起。

作者： 韦应物，唐代诗人。因出任过苏州刺史，世称"韦苏州"。

诗词大意： 新生的花草经过一场春雨的洗礼，色泽更加艳丽。冬眠的动物们，在春雷声中渐渐苏醒，开始活动。从这天往后，农民们就没几日能休息了，因为要开始新一年的春耕了。

节气小专家

龙抬头

"二月二，龙抬头"，此时万物复苏，一年的农事活动即将开始。民间在这天有很多禁忌，如禁动针线，以防扎伤"龙眼"。而男女老少都以这天理发为吉，据说可以带来一年的好运。

吃货小达人

吃梨

民间素有"惊蛰吃梨"的习俗。惊蛰时节，气温回暖，天气干燥。人很容易口干舌燥，而吃些梨可以润肺。也有人说"梨"谐音"离"，惊蛰吃梨可让虫害远离庄稼，以保全年的好收成。

惊蛰三候

初候 桃始华

气温回升，桃花开始开放。

二候 仓庚鸣

黄鹂（仓庚，即鸧鹒）开始啼叫求友。

三候 鹰化为鸠

鹰躲起来繁育后代，而布谷鸟（鸠）开始鸣叫。古人便误以为鹰变成了鸠。

左翼门 · 3 月

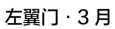

碧桃

AR
重现恢宏古建

扫描二维码下载 App

⇩

打开 App

⇩

点击"AR 故宫"

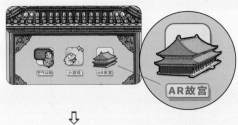

⇩

扫描下方建筑 —— 慈宁宫